简奢之家

MINIMALIST AND LUXURY LIVING SPACES

［南非］马克·瑞利（Mark Rielly） 编

潘潇潇 译

广西师范大学出版社　images
·桂林·　Publishing

目录

前言

马克·瑞利 (Mark Rielly),
ARRCC 事务所总监

"少即是多"是由现代建筑大师密斯·凡·德罗 (Mies van der Rohe) 提出的现代设计理念,这一理念适用于极简风格的设计和建筑。

作为一项革新运动,极简主义除去了装饰与细节,丢弃了昔日的华丽装饰风格。

20 世纪六七十年代被定义为设计时代,而这种设计风格可以追溯到荷兰风格派运动 (一场发生于 1917 年至 20 世纪 30 年代间的艺术运动) 中提出的简单、抽象的概念。这场运动虽然持续的时间不长,却奠定了极简主义设计风格的基础。在实践层面上,极简主义倡导简单的视觉构筑及黑白两色与主色的配合使用。传统日式风格的设计与文化因其简单、整洁的布置形式而被视作极简主义的前身。设计的基本原则是,只要是具有实用功能的基本要素均可以使用。

从广义上讲,极简主义设计是一种简约风格,摒弃了一切不必要的元素,只在设计中加入实用、必要的元素。从材料的选择和使用到色彩搭配无不体现简约之风。这种风格关注设计元素本身,而非它们的剪裁和装饰。"目的性设计"通常过于功能化,刻板且冷淡,例如白色的箱子或

是超现代化的室内装饰,但极简主义设计并不是什么装饰都没有,而是精心选择象征奢华生活之基本原则的元素和铺装。

极简主义风格的室内空间被视作宁静的庇护之所,在这里,柔和的色调和铺面会使人感到平静,空间也是有情感表露的,似乎在讲述着一则简单的故事。设计充分地将秩序、比例、光平衡功能和美学价值结合在一起,创造了一种更为美观简洁的设计语言。

密斯·凡·德罗为 1929 年国际博览会设计的巴塞罗那展馆已经成为极简主义设计的标志性项目。简单的水平面和垂直面相交,实现了完美的平衡,创造出富有虚实变化的空间形式,定格禅意瞬间。设计师利用缟玛瑙和大理石等材料和铺装获取自然光照,还特别为展厅建筑设计了简单的家具,例如为众人所熟知的巴塞罗那椅。

极简主义设计的表现形式有了显著的变化,对比建筑师安藤忠雄 (Tadao Ando)、约翰·帕森 (John Pawson) 的简约设计与文森特·凡·杜伊森 (Vincent Van Duysen)、约瑟夫·蒂兰德 (Joseph Dirand) 更为精致、奢华的极简主义室内设计,我们便会发现其中的变化。安藤和蒂兰德

的作品深深植根于日式禅意瞬间，将一切减少到最低限度；杜伊森和帕森则用引导式的设计方法对室内空间进行设计。通过他们的工作和设计方法，我们不难看出，每个设计考虑都有相应的目的，即汲取美学价值，创造永恒的设计。

极简主义影响了包括艺术、时尚和品牌在内的所有设计领域，如今也在影响着我们的生活方式。在当今这个信息过载的技术世界，极简主义已经成为一种生活方式和一种获取更好生活和优质体验的哲学。极简主义者有意识地过着只使用必需品的生活，并对任何非必需品置之不理。

当今的极简主义室内设计响应了现代人的净化需求。在这个充满营销和广告的世界里，人们渴望放慢脚步，过上更为简单的生活。另外，人们对能够使自己放松身心和重获能量之空间的需求影响着空间的设计。室内空间是概念化的，没有多余的元素带来视觉冲击，而是强调美学价值。过上简单生活的直觉需求促使人们对自己的生活空间及如何设计出想要的生活空间进行具有象征意义的探索，在独特的视角下创造更有意义、更加耐用的室内空间。极简主义风格的室内空间更为宁静，人们可以在更为轻松的环境内进行礼仪活动，享受日常生活的基本乐趣。

作为极简主义设计师，我们努力展现空间的简约设计。在ARRCC事务所，我们主张更为彻底的极简主义，并使用未经加工的有机材料造型，从而设计出多层次的室内布景，为极简主义设计增添丰富细微的变化。在刚性结构中增加柔和曲线，以特别的方式使用普通材料——这些都是我们赋予极简设计以特色的方法。在极简主义设计中，色彩也以简单的形式来表达，要么减少配色突出色彩，要么利用色彩对比创造处于平衡的极端状态。

当极简设计被理解为奢华设计时，我们还是在设计中找到了简约风格的韵味，用简化的方式将功能设计的原则融入到建筑、微妙光线和沉静色调中，感受魅力、舒适与精致，让我们反思极简主义风格的简单。极简主义虽然去除了装饰与细节，但在设计上还是丰富、有层次的。在极简与奢华之间求得平衡的能力是我们经过认真考虑后恰当运用概念结果，以高级饰面的运用为显著特色。

这种风格通过简化室内空间装饰，将关注点放在简约的丰富性上，打造关注场所意识和用户实际体验并逐步展现个性特征的永恒空间。极简主义室内设计看似简单，却借助丰富的材料和照明装置保持空间复杂性和纯粹性。

使用特殊材料和高价细部点缀的极简主义设计往往费用不低，因而给人留下一种印象，即极简主义是十分奢侈的，但这不应该与极简主义设计的理念和感受性混淆在一起。奢华享受是一种极为奢侈的舒适状态，但是在极简主义设计中奢华并不在于细节的开销而在于细节的体验。

极简主义需要完善，无懈可击的室内空间强调细部设计和对精选材料的精心布置，室内陈设布局也是经过深思熟虑的，整合错综复杂的层次，逐步形成一种设计思想。

这样一本全方位探讨极简主义设计风格的书籍并不常见。通读全书后，我被多样化的解读方式和风格语言所打动，从灰盒子的简单线条、艾克建筑令人难以置信的设计到奥地利 destilat 设计工作室设计的壮观住宅项目。本书收录了 34 个独特的室内项目，并配有漂亮的插图。项目遍布世界各地，包括中国、西班牙、德国、意大利、美国佛罗里达、希腊、荷兰、瑞士、加拿大、奥地利、乌克兰、以色列和法国。项目类型多种多样，有城市公寓，有乡村别墅，还有度假山庄。

每个项目都是独一无二的，设计师们抓拍了在建筑、室内和极简主义装饰下的房屋使用者的状态和极简设计的表现形式。

如果您正在寻找设计灵感，本书不失为一个好的选择。本书汇集了大量给人以启迪的空间设计理念，展示了摆放有各式特色家具和艺术作品的空间，其中不乏蜚声业界的国际设计师的作品，为读者创造了一次比较多种极简主义设计方法的难得机会。

案例赏析

Alta 小屋

这是为一个五口之家打造的可供全年使用的周末度假寓所，是一个占地 280 平方米的双层生活空间。

设计团队将公共空间设置在住宅顶层，以便人们可以远眺周围雪山的美景。家庭成员聚集在开放式概念厨房、餐厅和生活区，从私人房间可以进入南面的户外平台。楼下设有卧室和浴室、桑拿房等更为私密的空间，从这里可以直接进入户外的热水浴缸。车库内可以停放两辆车，其他空间可以用来存放雪橇等休闲娱乐设施。小屋的主入口非常隐蔽，穿过一条用刷有白漆的竖向木板筑起的隐蔽入口通道，便可进入小屋。这一结构不仅保护了隐私，还成为人们进出小屋的过渡空间。

室外环境的些许特质通过一种低调而精致的材料搭配反映到了室内空间上——每个方面都极为细致。墙面和倾斜的天花板构成了一个有着粗白纹的雕塑般的结构，强化了冬日之光和皑皑白雪的效果，同时增加了光影的表现力。宽条橡木地板和白色的预制径切橡木材料为空间增添了暖意和触感。黑钢壁炉成为主要生活区的焦点，并配以富有质感的火烧玄武岩炉边。

设计过程中需要考虑的首要问题是可持续性问题，材料的耐久性和使用寿命非常重要：因此，建筑外观选用了低维护型预加工加拿大松木壁板和高性能的金属屋面。为了进一步减少给生态带来的影响，设计团队利用高性能的玻璃系统和液体循环辐射加热地板采暖系统，辅以保温隔热装置和烧木材的壁炉来降低能耗。自然采光和通风则通过几扇可开启的活动窗得以实现。

在传统农耕建筑的启发下，Alta 小屋成为混合型住宅的样板。小屋设计结合了现代生活所需的实用性和传统谷仓结构的恬淡坚忍，迫切地希望重新评估传统乡郊住宅的角色，并借助严谨的拆析和全面的复校工作赋予其崭新的形象。

项目地点 | 加拿大，安大略省，蓝山 **项目面积** | 280 平方米 **完成时间** | 2015 **设计公司** | Higher Ground Building
摄影 | 沙伊·吉尔 (Shai Gil)

客厅、餐厅和厨房

厨房

主卧

浴室盥洗台

Ara # 56 住宅

对于设计师来说，运用空间、光线和视觉等基本工具并以一种截然不同的空间概念对同一个房屋进行设计，是一项值得的挑战。了解并重视这一思维过程的委托方尽可能地使用最好的原材料，而这也是房屋设计成功的根本保证。

在空间上，房屋内设有大型开放空间，并与其他空间相连，进而实现扩展空间的效果。建筑元素的布局及固定家具和可移动家具并没有将空间封闭起来，经过精心布置后，设计师完善了空间的视觉效果，从而以一种无形的方式对房屋的各个功能进行展示，这也是贯穿项目始终的设计目标。

为了实现这一目标，设计师采用了一种适用于应对室内设计的功能性问题、设计特定家具元素的设计策略，这一具有 OX 建筑事务所特色的策略，能够解决非常具体的功能性问题，最终成为奠定房屋美学价值基础的要素。

房屋的底层空间需要解决两个问题。第一个问题是如何在房屋主入口、主客厅及与厨房相连的生活区之间设置分隔元素的问题。设计师用 3 毫米的 Z 形折叠钢直立元素设计了一个白色的格栅结构，从南向玻璃窗射入室内的光线可以透过格栅结构，这样不仅能够将房屋入口与室外环境联系起来，同时还可以提高视觉私密性。Z 形直立元素和呈弧形布局的整套装置影响了整个房子的设计构思，将视线透过直立元素引入空间。自然光线和人工照明将房屋的各个部分联系起来，成为展现房屋的基本元素。

另一个重要元素解决了底层空间存在的第二个问题。设计师对两个大型生活空间、与厨房相连的餐厅和办公室及主要生活区进行整合，旨在为众多的庆祝活动提供一大片场地。另外，设计师还设计了一个安装有偏心轴的旋转书柜和一个嵌入墙壁的滑动门，这种设计方式不但可以分隔空间，也可以将空间彻底地联系起来，同时还使用了组合家具元素。

这栋房屋的亮点在于二楼的卧室和卫生间，这里采用了斜面天花板。与底层空间的设计方式一样，卫生间和浴室并未彻底封闭，而是布置了一些提升视觉效果的元素，以增强空间的流动性。

项目地点 | 西班牙, 马德里 **项目面积 |** 330 平方米 **完成时间 |** 2015 **设计公司 |** OX 建筑事务所
摄影 | 戴维·弗鲁托斯 (David Frutos)

连接客厅和厨房的大型木制壁橱

入口大厅处的弧形栅格结构

上图：厨房和客厅之间的日常连通空间

右图：悬空的厨房吧台

上图：复折式屋顶空间内的开放式大浴室
左图：面向卧室敞开的更衣室

界

本案业主是一位事业有成、看尽人间世事的长者，对他而言，"家"的定义是动与静、繁与简之间的平衡，是内敛温敦的气韵交融，是尘世间的一片净土。

黄、红、蓝，历来为古代皇族最常使用而备受推崇。与业主从容向内的心境和兼容虚怀的气度相契合，设计师此次另辟蹊径选择蓝色为主，因其深谙沉静雅致的蓝，较之热烈的红和华丽的黄，不仅仅象征着财富与名望，更寓意着内心的富足之境。设计师在空间中运用了大量灰色的材质，如质朴的水泥、灰黑色的木皮以及低明度和低彩度的色块。这些元素架构出层叠的空间，呈现着不完美的完美，在不规律中体现某种秩序。这些质朴颜色的应用同时呈现出一种简约之美，而简约的设计在一定程度上被视为另一种奢华。完美与否，完全来自个人自我心中的那份标准。尘世中的纷扰，内心深处的那份宁静，也是这样！

餐厅，是入口玄关的延伸，"冂"字型大范围的蓝色墙，其漆面不规律的层叠凹凸表面，形成了不均匀的深浅变化。观者不同，所成之结，必有所不同。对称加厚的分隔墙体，既是场域的界定，亦是心境的分界，尘缘、净土，一线之隔而已。

从技术上讲，现代主义的合理性是空间整体规划的主轴线；而从精神实质的角度上说，空间阐释了以儒家思想、道家学说和佛教教义为基础的禅宗精神和佗寂之美，而且细节处理方面还融合了宋朝美学思想的质朴性。

项目地点 | 中国台湾 **项目面积** | 270 平方米 **完成时间** | 2016 **设计公司** | 玮奕国际设计工程有限公司 **摄影** | Hey!Cheese

裸露的混凝土墙面好像油画背景，黑色色块（电视）和红色色块（储物柜）起到点缀的作用

墙面可以起到分隔空间的作用

餐厅

主卧

浴室

Chameleon 别墅

该项目在一个现代风格的舒适环境内对未来的高端技术、建筑设计进行了展示。这栋别墅被命名为 Chameleon，这是因为触碰按钮别墅便可变换色彩。这栋别墅采用了先进的 LED 照明技术，因而可以将不同观点色彩投射到所有房间和别墅外墙上，看上去好似一个充满活力的艺术品。该项目坐落在圣维达，马略卡岛上独有的住宅区。整栋别墅建于山腰之上，可以俯瞰整个帕尔马海湾的美丽景色。

该项目打破了传统，由三个相互独立的部分组成：主要生活寓所，健身、游泳和休闲区，以及一个大型宾馆。生活寓所分为三层，从这里穿过，会产生一种感觉：这个独特的寓所汇集了设计师大量的思想、创意设计和热情，创造了一些值得模仿的元素，对融入整体设计的光线、纹理和色彩进行利用，创造不同以往的空间体验。最为重要的是，该项目负责人雇佣了众多大师工匠，只为打造一个有着非凡品质的别墅项目。

这栋别墅内设图书馆、电影院和酒窖，以及一个有着独特天花板装饰（看上去好像流动的汞滴）的酒吧。生活寓所内的墙壁用特殊的灰泥粉刷而成，这种灰泥有八层涂漆。寓所内设置了一部通往车库、独立式货运电梯和员工公寓的观光电梯。第二栋建筑内设有专属水疗、健身区，还有一个室内泳池。这栋独立的建筑内还设有一个完善的客房＼员工公寓。

高端 LED 照明装置照亮了各个房间以及 Chameleon 别墅周围的环境，运用光线和色彩意境对空间环境进行改造，并以白色为别墅的主色调，为那些将 Chameleon 别墅变成真正艺术的引人入胜的照明装饰提供一个完美的背景。现代、清晰的结构，大片的玻璃墙构成了这一独特的别墅。

项目地点 | 西班牙, 马略卡岛 项目面积 | 2500 平方米 完成时间 | 2014 设计公司 | APM 事务所 摄影 | APM 事务所

在 Chameleon 别墅的厨房内，照明装饰宛若空中的繁星

休息区内仅摆放了一些基本用品

F House

该项目为顶层复式公寓,设计团队在原有常规格局的基础上对其进行了大幅改造。改造完成后,很多朋友和访客提出疑问,比如:完全开放式厨房是否适合中餐烹饪?楼梯栏杆结构可靠吗?电视背景墙有必要吗?大面积的灰色会不会不够温馨?设计师认为对于居住空间的理解,100个人会有100个不同的定义,家的概念涉及很多元素,包括人员架构、设计风格、个性喜好,等等。设计师从事设计行业多年,并不喜欢将空间局限在某种特定的标签或符号上,而是更愿意关注设计的本质和空间的体验感。对于自己的家则更是如此,没有那么多为什么;符合自己的生活方式,就是对家最好的定义。

设计初期,对于是否需要多保留一些卧室空间,设计师有些犹豫。考虑到会有亲友短暂居住的情况,以及常规的餐厅和厨房关系等,设计师最终还是运用建筑设计手法以套口的构成元素作为切入点,对空间进行彻底的改造和拆分——拆除了大部分的非承重墙;以原有承重结构为基础,呈现室内设计元素,增强各个空间关系的互动性。

玄关处,白色墙面衬托下的 Moooi 品牌的落地烛台显得十分醒目。设计师决定拆除原有楼板,重新加固结构,并利用雾化玻璃分隔空间,通过调节玻璃,人们可以看到天台的景观,与此同时,一楼也能获得更多的光线。客厅通过套口关系来建立起与其他空间的联系。无人居住的

卧室可以作为客厅的一部分,以便容纳更多的客人;也可将暗藏式床体放下,关上内置移门,使这里变成一间独立的卧室,这种设计方式打破了传统的居住格局,空间反而更灵动。拆除原有的卧室墙体,将卧室与客厅合并,形成一个有书写区的横厅。

与餐厅和岛式早餐台相连的开放式厨房为人们营造了一种轻松的氛围。设计师将原有的建筑窗口移至别处,经过改造后,二楼的落水管与原厨卫设备管道嵌于墙体内部,在一定程度上使墙体变厚。闲暇之余,人们可以坐在窗台上欣赏窗外美景。收纳功能与暗藏式床体,以及多重滑动门,使空间功能变得更加灵活、多样,还有效地利用了设计时间差。极具质感的灰色水泥漆和结实的扶手栏杆为空间增添了现代感。楼梯台阶的木材涂装平衡了水泥的冷色调,而空间与材料之间的衔接细节也得到了相应地体现。雾化玻璃的应用强化了一楼与二楼之间的互动关系,阳光可以通过玻璃从露台射向一楼入口处的玄关。玻璃顶部利用高低关系将伸缩式电动遮光帘藏于其中,辅助雾化玻璃,保证主卧的私密性。顶部的镜面制造了一种空间延伸的感觉。

在喧闹的城市,现代与未来交织的情境中,没有过多装饰物的简约设计发展成一种理性、有序、专业的设计;无论采用何种设计风格,空间都是设计时需要考虑的首要问题。

项目地点 | 中国,上海 **项目面积** | 240 平方米 **完成时间** | 2015 **设计师** | 方磊 **摄影** | Peter Dixie

上图: 客厅
右上图: 客厅旁边的休息区
右下图: 厨房

卧室

浴室

Flexhouse 住宅

这处独栋住宅位于瑞士北部的苏黎世湖畔。项目场地位于住宅和郊野交接的村庄边缘，铁路和公路之间的一个狭长地带。这是一个动态的场地，激发了设计师的灵感，提出了一个能够反映场地多变而舒缓特质的概念，实现了建筑、场地和周围环境之间的柔性过渡。

设计的流动性延续到了室内，内部空间视野开阔、光线充足。外部曲线成为内部空间的背景幕，成为一条贯穿建筑的流线。内部空间以轮廓并不鲜明的平滑空间为特色。

底层楼的北向后墙的功能多样：客厅处的后墙可以用作存储和陈列空间，厨房从同一面墙壁延伸出来，而南向前墙则嵌装了大片玻璃。打开前立面的滑动门便可直接进入露台，同时建立起室内空间与自然景致之间的开放联系。项目设计并未关闭独立的门结构，而是融合了开敞的双高空间，在视觉上将一楼和二楼联系起来，从而增加空间设计的亮度，人们也可以由此一睹上层卧室内的景象。

主卧的橡木地板一直延续到浴室，在视觉上将睡眠空间与浴室联系起来。后墙上的镜子映射出湖面风光，在享受沐浴的同时，人们还能欣赏到独特的景致。与其他空间一样，这里也使用了百叶窗和窗帘以确保房间私密性。

室内外空间之间的流通止于顶层，人们可以透过三面玻璃墙和两个屋顶露台欣赏到震撼人心的湖光山色。

项目地点 | 瑞士，迈伦 **项目面积** | 173 平方米 **完成时间** | 2016 **设计公司** | Evolution Design 事务所
摄影 | 彼得·维尔梅利 (Peter Wuermli)

阳光下的客厅一角

厨房岛台安装有定制的抽油烟机，造型与建筑结构融为一体，看上去很像雕塑

主卧光线充足、可以欣赏到震撼人心的湖光山色

主卧的橡木地板一直延续到浴室、在视觉上将睡眠空间与浴室联系起来

游戏——生活的乐趣，
来自于无限的延伸

家是什么？除了是避风港之外，亦是极大的包容，且延伸各种的可能及欢乐的地方。现代居所除了满足基本"住"的机能外，其扮演的角色，可以更加丰富，犹如游戏般，无论形体、机能、感官上，都能产生不同的趣味变化。

该项目是众多都市水泥丛林中的一个，但是，设计者在这样一个千篇一律，索然乏味的水泥框架中，通过盒体、片状结构及色彩元素的搭配，并结合上层楼板穿透而下的大圆斗造型，构筑出一个充满趣味的空间画面。

红蓝椅的建筑师里特维尔德说过："结构是用于构建间的协调，这样能充分保障各个构建间的独立性及完整性。"正是这样的理念，将空间从形式中显现可表现自由的形象。盒体结构可移动，所形成的空间机能可自由转化。片状活动的墙面，给予了空间无限的延伸，灵活了居住使用上的机能。敞开抑或私密，就在抬手之间完成。

开放空间中，两处大小直径不同的大圆斗，由楼板穿透而下，成为空间里的大型装置艺术。大圆斗的内层以特殊的漆面处理方式，传达出东方文化精致层面的美感，

亦加深空间张力的冲突性及视觉的震撼感。无论由上而下，或由下而上，都形成了强烈的视觉感官刺激。同时结合灯光设计，提供照明的使用机能。一大一小圆斗造型和壁面圆形内凹结构的时间指针，所形成倒三角画面的构图，使得元素的运用立体而有趣味。空间结构中出现的盒体及圆斗，分别传达出不同喻意：方形盒体笔直利落的线条，传递着代表西方科学的理性思维；大圆斗的运用，有东方人文精神中圆满之意。东西元素的交融汇集，于此展开和谐的对话。家具家饰的搭配，不受空间、对象、方向的拘束，多样貌的使用方式，给予现代居所新的定义。光是照明，亦是指引及标示。透过光的指引，引领视线进入简易且充满东方文化中富丽不失优雅的空间。富有东方色彩及肌理表现的壁纸，结合以铜质打造之壁灯，搭配轻快色彩的块状量体，使得空间呈现轻快、雅致、舒适的氛围。

整体空间氛围如同一首轻快但富音律（韵）变化的曲目。低调质朴的素材和细腻工艺的碰撞，淡淡地展现出低度设计中奢华的表现。而粗糙的水泥质感，诉说着一种不完美中的完美，那份精神层面中呐喊的渴望。

项目地点 | 中国台湾台北 **项目面积** | 180 平方米 **完成时间** | 2017 **设计公司** | 玮奕国际设计工程有限公司 **摄影** | JMS

上图: 开放式的餐厨空间

左图: 盒体结构可移动、所形成的空间机能可自由转化

卧室

浴室

灰盒子

提到农村自建房,在很多人的固有印象里,都会出现一个即使花大价钱装修,也依旧是土里土气的、浪费了大片空间的、几乎没什么设计感的多层方格子。

灰盒子隐藏在一个远离闹市的汕头临海村庄内,是一个农村自建房扩建项目。艾克建筑设计提出了一种不同于以往的定义,以黑、白、灰三色的极简与纯粹之感,为自建房增添一道独一无二的风景。

业主年轻、时尚,设计团队结合业主的生活环境,打造这栋高级灰极简住宅。住宅整体以最为低调的黑、白、灰三色为主,营造了一个充满质感的空间。设计的着重点在"灰",含而不露,平衡着黑白之间界限分明的强烈对比。局部使用暖色调的大地黄色,渗透出丝丝暖意。整体布局完美地融合了东西方设计哲学,演绎出极为纯粹的现代主义风格。空间线条的比例简约又不失精致。偌大的

窗户,框出了最美的风景;明亮的光线透过柔软的窗纱,带来了些许禅意气氛。

由于自然光线的反射,亚光白漆和大理石将空间划分出多个层次。讲究的灯光布局更是赋予空间独特的光影魅力。皮革、木饰、瓷砖、灰玻璃等不同材质的巧妙搭配,丰富了空间的气质和格调。

黑白灰空间内挂着一幅同为黑白灰风格的文艺画,注入一抹水墨画般的轻盈潇洒。再摆上金属质感的别致器具,便可于不经意间彰显个人的风格和品味。静谧的空间加之艺术的气息,如此简洁而灵动的情境令人沉浸。

极简,是一种复杂的设计态度,它主张摒弃过于繁复的设计,反对刻板形式、避免堆砌,通过给生活做减法的方式,追求一种更适合的生活环境。

项目地点 | 中国, 广东, 汕头 **项目面积** | 250 平方米 **完成时间** | 2017 **设计公司** | 艾克建筑设计 (AD ARCHITECTURE)
摄影 | 欧阳云

餐厅

主卧

本茨屋

这幢房屋矗立于一片高地之上，俯瞰着整座城市。原有的三层楼面一分为二，一楼用来接待客人，二楼和三楼则用作私人住所。房主可以在一楼的公共区域与客人进行更为轻松、友好的交谈。门厅由一条长长的紫色走廊构成，这条走廊连通着一楼的所有房间。会议室同时也是一个用餐的场所，墙面使用了蓝灰色调，浓重的色彩创造出特别的拉伸效果。与天花板相连的位置是一条哑光金属色带，色彩一直延续到天花板。墙壁的边缘和拐角采用了柔和的曲面结构，赋予空间以感性的气质。高绒块毯上放置了一张巨大的圆桌。圆桌上方悬挂着一盏球形吊灯。吊灯采用人工吹制打磨的水晶玻璃制作而成，是一款专门为该项目打造的单品。为了满足客人的餐饮需要，房间内设有一个装备齐全的公共厨房。在一扇镜面包裹的墙壁后面，是房主的书房。书房以清新浓烈的蓝色为调，主体是一张 Walter Knoll 品牌的书桌。桌面一侧由木板支撑，另一侧则搭落在低柜上。

雪茄沙龙是一处轻松的会谈场所。沙龙内的墙面和书架全部采用石墨灰色，天花板则使用了浓烈的深黄色。沙龙的墙壁同样为曲面过渡形式。窗口位置的结构隔段之间悬挂着半透明的窗纱，渲染出私密的气氛。由 Walter Knoll 品牌的沙发、桌台、座椅和真丝地毯组成的家具套件配以一盏外形酷似音叉的奢华黄铜吊灯。另外，沙龙里还陈列着房主收藏的澳洲原住民艺术品。

宽敞的拐角空间是楼上两层居室的亮点，这里既是客厅，也是餐厅。通往楼梯的墙壁两侧设置了陈列空间，表面漆成哑光绿色调。房间的两扇门均为滑动门，视觉效果好似墙面，同时又深深嵌入墙体。餐桌后方的门框向一个格架壁龛过渡，而另一侧的墙壁则略微凹陷，为悬挂电视提供了空间。房间内有两根漆成鲜艳橘色的立柱，在色调上形成对比。经过深色浸染处理的枫木地板赋予整个环境以沉稳的气质。精致的铺面与三维立体天花板设计形成对比。始于内墙交会处的多边形覆盖了整个天花板。每个三角形都进行了深浅不一的灰色处理，进一步突出三维结构的起伏，正面墙上的镜面对天花板的立体结构进行映射叠加。与一楼相同的是，房间内的家具几乎全部为 Walter Knoll 品牌的产品。设计师用家具世界里的艺术品装饰房间，例如特制的餐桌桌面——波斯布料浸封在有色环氧树脂中，两侧的布头则悬垂在外。

项目地点｜德国，斯图加特 **项目面积**｜180 平方米 **完成时间**｜2016 **设计公司**｜Ippolito Fleitz Group
摄影｜佐伊·布劳姆·罗默斯特 (Zooey Braun Rmerstr)

上图：会议室的流线型墙面内藏有暖气设备，营造了一种轻松惬意的空间氛围
左图：充满创意的客厅

K 住宅

这是一个住宅重新规划项目，业主买下的只是建筑的外观结构。项目场地位于克雷姆斯的凯塞斯堡（奥地利），项目的所在地使其成为皇冠上的宝石，从这里可以俯瞰多瑙河河谷、南部的 Göttweig 修道院和北部的克雷姆斯葡萄园的美景。

业主要求对住宅内部进行重新规划。设计团队对这栋三层建筑进行了重组。一楼宽敞的养生区内设置了桑拿间、涡流浴缸、躺椅和健身房，直接通往北侧的花园。

入口大厅位于二楼，将北侧的正门和南侧的入口连接起来，小桥从城壕上方横跨而过。人们可以经由凯塞斯堡的一条走道抵达南侧的入口。摆放有步入式衣柜的卧室、主卫和带有花园露台的全自助式客房公寓也位于这层。

烟囱筒壁旁边的中央开放式楼梯在餐厅和客厅内分隔出生活区。楼梯处用来储藏葡萄酒的冰箱在视觉上将开放式厨房与生活区分隔开来。

用深色油面木制材料打造的定制家具使这一概念变得完整起来。

精制的结构是上层楼面设计的亮点。这里采用了浇筑的水磨石地面、深色的玻璃和用大块花岗石板打造的烟囱筒壁，与深色的木制门面相互映衬，形成一幅简约风格的构图。

项目地点 | 奥地利，克雷姆斯 项目面积 | 550 平方米 完成时间 | 2017 设计公司 | destilat 设计工作室
摄影 | destilat 设计工作室

客厅

餐厅

上图：桑拿浴室内设有泳池

右页：卧室和主卫

House 19 别墅

由华靳·托雷斯 (Joaquín Torres) 领导的 A-cero 建筑事务所呈现了一个堪称 A-cero 建筑事务所极简主义设计理念最佳代表的项目。该项目位于西班牙马德里近郊的一个奢华住宅区内，那里有很多风格独特的别墅，还有广阔的绿色空间、湖泊和样板房，等等，这些均是由 A-cero 建筑事务所设计的。

别墅区域划分很明晰，线条笔直整齐，外形也极为简洁。别墅的前部采用的是大理石材料，墙面镶嵌了很多窗户，这样有助于增加室内的亮度。

这栋别墅的总建筑面积为 1600 平方米，共有三层 (地下室、一楼和二楼)。车库和服务区域均位于地下室，而绝大多数的公共空间 (休息室、餐厅和客厅) 均设在一楼，卧室和其他私人空间设在二楼。别墅前面还有一个 80 平方米的方形游泳池，与别墅的简洁外形协调一致。

别墅内的房间宽敞、明亮。客厅和卧室的设计选用了奶油色的抛光大理石。别墅内的主色调为黑色、白色、棕色和米色。位于一楼前厅的棕色沙发看上去朴素而高贵，与黑色的咖啡桌和谐共存。透过玻璃墙，人们可以看到外面的水池。设计团队遵循项目的设计主线，突出了厨房的设计。开放式厨房内的台式炉灶为白色，营造了一种简单、干净的氛围。别墅内的家具将 A-cero 建筑事务所的设计与房主选用的其他元素结合在一起，整体风格简洁、典雅。房间的白色调搭配棕、灰色的冷色调，尽显简约、奢华之感。

项目地点 | 西班牙, 马德里 **项目面积** | 1600 平方米 **完成时间** | 2012 **设计公司** | A-cero 建筑事务所
摄影 | 路易斯·赫尔南德斯·塞哥维亚 (Luis Hernandez Segovia)

上图：玻璃墙将室内外空间联系起来
左图：舒适的客厅

厨房

泳池旁边的休息区

主卧

浴室

House an der Achalm
住宅

House an der Achalm 住宅的特色在于所有用于日常生活的房间均位于住宅顶层。侧厅凸出，面向山谷，内设卧室、步入式壁橱、更衣室和浴室等私人空间。

次级功能区位于入口层。客房位于住宅东侧，房主和客人可以一路向西经过次级房间和办公室，到达温泉水浴区。温泉水疗区前面是一个有顶门廊，将日光露台和泳池直接联系起来。

大厅和楼梯技术将这里与住宅西侧的厨房和露台联系起来。相邻客厅的拐角面向露台开放，在住宅北侧形成了一个内向、封闭的空间。

设计团队的一项重要任务是营造一种宁静的氛围——一种视觉上的宁静之感。技术功能处于次要地位，因为铺面的空间功能和作用对人们来说更为重要——设计团队力求打造一种舒适的整体效果。这种设计手法在室内外空间均适用。

在这里，人们能够看到墙体覆面，设计团队试图将电梯等日常使用元素融入住宅设计。营造宁静氛围的同时不会给走进住宅的客人带来任何烦扰。手机充电站或电话、开门装置等常见设施也与这些面板融为一体，并营造了一种视觉上的宁静之感。因此，当人们在夜晚舒适地坐在壁炉前时，电视机会给人们带来视觉上的干扰，这也是电视机像住宅内其他物件一样嵌入墙壁的原因所在。

主题深度、材料、品质和功能贯穿了各个领域的设计，也给人们带来了丰富的感官效果。因此，设计团队并不是在寻找一种短期的时尚效果，而是在追求那种现代、永恒的雅致之感。

项目地点 | 德国，罗伊特林根 **项目面积** | 800 平方米 **完成时间** | 2016 **设计公司** | Alexander Brenner 建筑事务所 **摄影** | 佐伊·布劳姆 (Zooey Braun)

南向陡坡的方位决定了所有居住空间都要背对山坡、面向太阳、以获得更好的视野

光线透过大扇天窗照向开放式厨房的岛台

厨房的使用者可以透过餐厅的落地窗欣赏到山谷景致

M 住宅

这是一个位于梅拉诺市中心的住宅项目，坐落在Obermais 的一个僻静区域。该项目的设计理念是利用透明的固体表面来展现这里的迷人景致。内部空间与外部空间紧密地融合在一起。设计团队根据建筑所处的地形设计了泳池和草坪。精致的外观设计，泳池、草坪、花园和房屋的布局看上去是浑然天成的。

整栋住宅呈流线布局，泳池和草坪的布置更是渲染了住宅周围的环境。设计团队对各种元素进行开发，以打造出完整、自然的外观。带有 Monovolume 建筑设计事务所特色的基本思想贯穿了整个项目，基本思想是打造一栋智能建筑，提出一个利用自身特色反作用于环境的大胆设计。利用细节将自然引入现代家居环境。

设计团队沿着铺设了大理石地板的门厅设置立柱。另外，植物使被白色灯光和细木家具包围的住宅充满生机。

书的摆放问题：部分书的封面面向客厅，其他则按开本整齐地堆放在一起，以此表现空间的完整架构。简约的

厨房与餐厅相邻，为这片区域营造了怡人而整洁的氛围。厨房采用了质朴的白色，这里有深灰色的柜台面和充满生机的精致吊兰。

贯穿住宅始终的独特的黑白配色赋予住宅以高贵优雅之感。鲜明的黑色起到了画龙点睛的作用。黑色的入口门为住宅增添了一抹生动的色调。窗框和立柱均为黑色，不断增加着这一设计主题的价值。主卫内还设有一个深色的防溅板，与白色的兰花和细木家具形成鲜明对比。车库使用的配色也与住宅完全一致。

最后，酒窖的几何形状、花岗岩岛和大面积的储藏区营造了一种独特的氛围。Bolzen 地区为众多葡萄酒鉴赏家所青睐，因而需要在这栋住宅内设置一个储藏葡萄酒的空间。环境理念与艺术设计主题协同作用，设计团队将这一建筑创作视作一个整体，并力求实现艺术、自然和建筑之间的平衡。

项目地点 | 意大利，梅拉诺　**项目面积** | 360 平方米　**完成时间** | 2012　**设计公司** | Monovolume 建筑设计事务所
摄影 | M ＆ H 摄影工作室

上图：客厅
右图：餐厅

上图: 厨房
右页: 楼梯

主卧

主卫

书香与绿意的延伸

一步入客厅，一种微妙的舒适感扑面而来，是窗外的绿荫？开阔的空间？还是整体色彩搭配？都是却不只是这些。细细端详，原来谭淑静总监巧妙地将理性与感性融合在设计中，功能跟感官平衡，为屋主打造了一个专属的疗愈空间。每个家庭对疗愈的感受与需要不同，初次与谭设计师碰面，屋主即表达希望在新家规划一个家人凝聚的空间。

烹饪、用餐与阅读是屋主一家四口最常从事的活动，于是，谭总监在平面图中间横段区域规划了用餐以及阅读区。不论身处家里的哪一个角落，这里都是动线中心。对屋主而言，辛勤工作之余，回到家里与亲人相聚，花时间在自己享受的事上，无论是阅读、听音乐，或是用餐，都是人生一大享受。"规划时，我们几乎已可以预见男主人坐在吧台上享受窗外美景，为家人打拼之余，在生活中享受甜美果实。"谭总监回忆道。

此案的另一规划重点是，即使家人在不同的空间活动，仍可看到彼此，甚至可以互动。

从客厅与阅读区的落地窗望出去，映入眼帘的是蓝天绿荫，为了保留这个环境条件，除了室内隔间的穿透感，谭总监在空间规划时，留心将室内的居住感延伸到户外，或说把户外绿荫引进室内，"不阻隔"是其中一个要点。甚至包含阅读区的灯具都仔细考量，谭总监特意挑选了一个十分简约的灯具，一则因为阅读区照明讲究功能性，

更重要的是，当考虑屋主坐在用餐区，由中岛往窗外望去，视线须不受阻隔若是在阅读区设置一个过于醒目的灯具，它将成为焦点，会绑架人们的视线。

"这是一个客变案，业主于客变阶段就已经跟我们联系，沟通生活需求，功能架构我们很清楚，完工时落差不大。视觉上，我们运用平面上两条空间分界线做该区的收纳，特别是屋主藏书量大，有近两千本书，需要极大的收纳空间。每个收纳需求都被清楚定义，因此空间基调是理性的。"谭总监说。

男主人从事高压工作，女主人承担家务。他们有两个女儿，学画画。男主人很珍惜女儿的画作。"人都是有理性、较硬的一面，同时也有一个很感性、柔软的一面。在沟通过程中，我们也激发了屋主的这一个层面，所以在基本理性的空间中，我们刻意在软装家具上跳色，例如，客厅沙发上就有好几种蓝色，让蓝灰与空间中大地色的基调搭配。"

除了颜色，还有一些"细节里的小疯狂"，包含柜体收边的细节，"我们希望用不喧哗、较安静的方式变化。"为了让屋主一家人回家时更放松，谭总监特别挑选偏软性的家具，"毕竟家不是办公室，要有功能次序，但是不能无感。"所以谭总监在客厅摆放的不是制式的大茶几，而是四张小茶几，屋主可以依需求弹性移动使用，让空间更活泼。

项目地点 | 中国台湾 **项目面积** | 170 平方米 **完成时间** | 2016 **设计公司** | 禾筑设计 **摄影** | moooten studio

除了功能跟感官的平衡，如何在单一空间满足阅读、用餐等截然不同的需要，却维持空间的协调感，让人心能安静？为解决这一问题，谭总监让阅读区的书桌与用餐区中岛有相同设计，从用餐区望去，中岛与书桌形成一流畅的线条，并引导视线延伸至窗外。餐桌吊灯则是亮面不锈钢质材，以凸显用餐区的个性。

客厅

阅览区位于主卧中央、主卧的门藏在壁橱中

卧室

浴室

生命的光

超脱风格框架的局限，植入疗愈空间概念，回归人的心理感知，审慎思考人与空间的关系，探讨居住者真正的生活需求. 屋主要求屋子要空，希望通过设计把屋子放大，但"空不是无物"，而是将空间的感知与视觉以现代主义的手法来设计，"Less is more"舍去以往常见制式的空间定义手法，去掉无谓的装饰性语汇，赋予场域最大的尺度与弹性。

此案公共区走廊以光作为设计重点。斜线条及线条延伸至立面代表光的照耀线条，以客制的点照明三角形灯盒，加上条状的平均照明结合。从大门进来左边留白墙面开了一些光沟，用光做引导及营造氛围。

客餐厅保持了良好的环状舒适动线，跳脱陈旧的家具摆放形式，改而从人的角度出发，思考着不同生活使用情境，摆置出具有人的温度的配置。空间的基础色调恰如其分的作为基底与延展的效果，相似色感却皆不同材质，如隐隐光泽的薄片磁砖或那具有手感温度的浅灰色漆面从墙面、柜门等部分堆栈，衬托其上具有现代光泽感的不锈钢与氟酸明镜材质，并在素底上勾勒出灯沟，使动线、材质、光线得以凝聚。浅灰色漆运用于大面积柜门时，同样考量了使用的顺畅性，平推式的五金拉门具有良好的使用性，搭配柜内皆具有感应式灯光，使机能与使用舒适度都可同存，且因采用平推式门片设计，门片关起来时并不会产生厚度高低，使门片上的浅灰色手作漆材质在空间中的延续更加整体。"生命的光"的理念贯穿全室，光不仅是用于视觉效果，在空间的动线与层次上发挥作用，串连公共领域与私人领域的金属天花板结合手喷亚克力灯沟照明，在动线的两端，以圣经章节转译成密码形式，内敛的刻画其中的含意。

厨房设计回归到使用者的角度做思考，仔细考虑烹饪时的各项需求细节。如动线、收纳位置、使用机能、灯光需求，材质运用延续整体空间调性，后阳台门片采用大面百叶窗作视觉整合；干净利落，并利用光线从窗隙中透出，营造自然氛围。

客浴室面积不大，故特别选用大面白瓷砖做基底，并有不同的细节压花来丰富层次，机能部分利用不锈钢勾勒整体功能界面，搭配绿植，简洁却有生活亲近感。主浴因良好的双面采光落地窗，设置独立式的烤漆面盆柜结合悬吊镜箱，使自然光能进入空间，不锈钢框体将收纳机能、管线、结构整合规划，在仿石材磁砖的互相衬托下，表现细致的质感层次。

主卧室采用泰国丝绒布做墙面包覆，细致的选材反射出柔和的浅灰色光泽，呈现静谧的空间感受，而非喧宾夺主般的夸大喧闹。壁面上嵌入的不锈钢体壁灯，同时具有轮廓修饰与生活情境功能，可在夜晚中，微微点亮动线，帮助走动便利。

项目地点 | 中国台湾 **项目面积** | 280 平方米 **完成时间** | 2016 **设计公司** | 禾筑设计 **摄影** | 吴启民

上图: 客厅
右图: 厨房

衣帽间

主卧

浴室

MC3 住宅

MC3 住宅是位于巴塞罗那郊区花园城市的三所住房的住宅发展计划的一部分。植被对城市环境的重要性使设计团队在项目设计初期便开始考虑生活空间的问题。住宅是花园的特色所在,反之亦然。

房屋布局呈 L 形,以便所有房间都能望到泳池和花园的景象。室内设计的用意在于利用涂抹了白色灰泥的墙面、铺有灰色瓷砖的地板、胡桃木门板和家具等材料打造简约、温暖的空间。木板用竖向板条制成,厨房和客厅内的大尺寸滑动门也是用这种材料打造的。浴室的超细水泥墙面,光滑、平整,使装饰与将人们的注意力引向灯具、油画等其他元素上的照明元素融为一体。住宅内的家具和装饰非常简单,门廊和客厅的吊灯等细节元素则突出了空间设计的奢华之感。

屋顶平台分为两个部分,一个为夜间活动区,另一个为与客厅相连的日间活动区,以此强化室内外空间之间的联系。栽种有植物的内庭院肯定了自然在住宅设计中的重要作用。其中一个庭院将日间区域与夜间区域分隔开来,人们可以从门厅处看到外面的景致。另一个庭院将自然光线引入浴室,同时弱化了走廊的狭窄空间。

事实上,自然在 MC3 住宅的结构和室内设计中扮演了重要的角色。

项目地点 | 西班牙, 巴塞罗那 **项目面积** | 330 平方米 **完成时间** | 2016 **设计公司** | Mogas 建筑事务所
合作者 | 安娜·瓦尔米亚娜 (Anna Vallmitjana)

客厅和餐厅

通往上层空间的楼梯

开放式厨房

卧室

洗手池

浴室

淋浴间

Monolithic 公寓

这是一个位于意大利南部的卡斯特罗维拉里 (CS) 的公寓项目，如此界定，是因为项目背后的创意理念与大型砌块相互作用。透过公寓明亮的窗户，可以清晰地看到波里诺山脉的壮丽景色。设计团队特意选择了概念感较强的石头作为主要的装修材料。除了石头外，另一个主要的材料便是大量用于入口处的木材，木材给整个空间带来了无以名状的温暖感，设计团队将其置于一种超现实主义的氛围中：用施华洛世奇水晶装饰墙壁，闪烁着点点光芒。

该项目是一个以简约主义为灵感的典型案例，事实上，简化到本质的概念不仅可以用于空间功能划分，还可用于建筑环境内的组合元素。在室内大片的开放空间里，人们可以看到巨型的建筑元素，比如厨房和客厅中间的石头墙，墙上有一扇窗户，这一设计具有双重功能——既可以摆放桌子，也可以摆放支撑板。中央支柱与目标木制结构融为一体，形成了一个实用的书柜。卫生间为全白色，一个以花缎质地为特色，另一个则以波浪浮雕为亮点。

光线的使用增强了空间的严谨性，强化了公寓入口的体量，浮式天花板上有一个明亮的切口，将光线引入其他环境，为空间增添活力。全白色的极简主义设计元素、饰以现代字体的壁纸、墙壁引线、风格严谨的定制家具、雅致的玻璃幕墙，创造了一种视觉上的平衡感，一种正确的层级顺序，以此形成易于使用者理解的视觉重量感。

项目地点 | 意大利，卡斯特罗　**项目面积** | 170 平方米　**完成时间** | 2014　**设计公司** | Brain Factory 建筑设计工作室
摄影 | 马尔科·马洛托 (Marco Marotto)

整体砌块的体积有所减少

厨房的窗户具有双重功能、既可作为桌子、又可作为支撑平面

上图: 纯白的浴室
左图: 客厅旁边的走廊

纳乌萨音乐家之家

这座避暑别墅位于纳乌萨——基克拉迪群岛的帕罗斯岛上。这里是纳乌萨小镇东部一个安静的街区，不远处便是圣阿纳吉罗斯的美丽海滩。

这栋别墅是为一个音乐之家打造的。别墅的白色体量简单、立体，效仿了邻近建筑的空间和主体，从别墅周围的景观绵延至远处的大海，成为环境的一部分。厚厚的斜墙以岛上的修道院建筑为灵感，将泳池和内院（别墅的缩影）围护起来。

外部空间从底层庭院过渡到顶层露台，可以欣赏到大海和纳乌萨小镇的壮阔美景。泳池旁边是音乐工作室，还可兼作客房使用。

该项目所使用的材料朴实、简约，混凝土底板、屋顶和深灰色的框架与白色的基克拉迪风格的墙面形成鲜明对比。浴室墙面和壁炉上的混凝土灰泥与黑色的花岗岩厨房和不锈钢卫生清洁设备等现代形式形成对比。该项目以一种现代的方式展现了一种极简的设计语言，一种与希腊文化有着紧密联系的语言。

这座别墅遵循了生物气候学设计的原则。屋顶所用的良好的热绝缘物质和采用了全新的热绝缘系统技术的墙面使别墅内部空间免受从岛屿北部刮来的狂烈北风的影响。别墅以一种双重方式运作着，夜间，面向街道的别墅正面变成了一个电影屏幕，迎风拂动的植物影子投射到墙壁上，形成了一幅柔美的画面，并通过动态展现了空间感。

项目地点 | 希腊，基克拉迪群岛　**项目面积** | 180 平方米　**完成时间** | 2016　**设计公司** | GEM 建筑事务所
摄影 | 科斯塔斯·维加斯（Costas Vergas）

客厅和厨房，定制的橡木桌打破了空间的灰色基调

音乐工作室旁边是泳池，在带来宁静感的同时，还可以激发屋主的创作灵感

主卧呈现出基克拉迪风格的现代简约之感

浴室利用整体定制结构体现极简主义

Over White 住宅

业主希望自己那栋建于 14 年前的房屋重新焕发生机。他们需要一栋能够适应生活方式的新的现代化房屋。这个家庭由两个成年人和两个孩子组成。项目场地靠近河流，这也使设计团队萌生了将场地周围的美景引入住宅内部的想法，并利用更多的自然光线来扩展空间面积。

客厅和卧室以黑白对比色为主色调，空间内部并无过多的家具和装饰，为人们呈现了一个极简主义风格的生活空间。更衣室和新入口与住宅主入口相连。音乐室将厨房和客厅联系起来。

楼梯和二楼大厅的设计实现了"无边界"理念，没有安装扶手和栏杆。设计团队在客厅内重新装配了四扇窄窗，

增设了富有表现力的门面，室内也已然成为景观不可分割的一部分。厨房的窗户也进行了处理，因此，业主可以在不出家门的情况下在户外用餐。人们还可以坐在木质窗台上读书、看报。厨房功能齐全、设计简约。

一楼的浴室保留了用 3D 瓷砖打造的具有民族风情的桑拿浴室。浴室旁边便是主卧室，这里安装了两扇全景窗和一扇落地角窗。外立面用天然石板和灰泥涂漆海绵橡胶进行铺装，这样有助于节约能源。这栋住宅配备了空气回收系统和空调装置，并可通过手机或平板电脑实现照明控制。

项目地点 | 乌克兰, 克力沃罗根 **项目面积** | 300 平方米 **完成时间** | 2014 **设计公司** | Azovskiy&Pahomova 建筑事务所
摄影 | T. 科瓦连科 (T. Kovalenko)

多种装饰元素削弱了单色极简主义室内装饰的效果

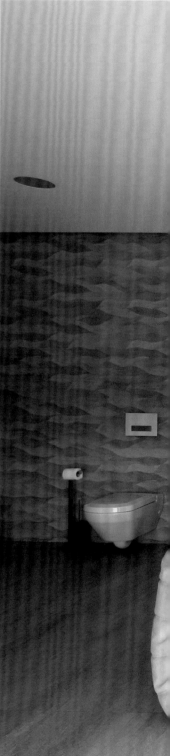

现代、时尚的瓷砖使室内空间充满活力，并与光影形成互动

阿姆斯特丹顶层公寓

这个顶层公寓位于阿姆斯特丹市中心的一栋运河景观公寓的三楼。现有的元素没有给室内空间带来什么特别的感觉，所以空间设计并不成功。

设计团队做了一些大胆的建筑改造，各个空间的潜力得以开发。9 米长的厨房和客厅的大型壁炉非常醒目，厨房操作台也与餐桌融为一体。

巨大的维度为室内空间带来了平衡与安宁，提升了生活的品质。客厅设计非常有质感。灰色的沙发、桌子和地毯，舒适又不失奢华之感。文吉木外墙后面便是卫生间、浴室和储藏空间，这种材料也出现在别墅的其他区域。暗影与浅色的地板形成对比，从而突出了改造效果。卧室以白色和棕色为主色调，而且没有多余的装饰品，展现了一种简单朴素之感。

设计师将他的注意力转向了能够进一步完善他的世界的东西。从家具、配件到布局、建筑，设计师进行了室内设计的出发点与元素的完美匹配。这便是设计师选择自己设计家具和配件的原因。另外，设计师还喜欢与能够为他的项目增添层次的公司合作，将他们的专业技术与自己的设计相结合，为客户提供高品质的居住体验。

项目地点 | 荷兰，阿姆斯特丹 **项目面积** | 225 平方米 **完成时间** | 2015 **设计公司** | 雷米·梅耶斯 (Remy Meijers)
摄影 | 勒内·戈凯尔 (René Gonkel)

餐桌和厨房内 30 厘米厚的操作台均为定制设计，摆放在客厅内的设计元素使客厅变得温馨、舒适，
餐椅、沙发和地毯是由雷米·梅耶尔（Remy Meijers）亲自设计的

用鸡翅木打造的卧室后墙的后方是一间大型更衣室；左侧的门是由雷米·梅耶尔（Remy Meijers）设计的；
浴室橱柜是用鸡翅木和天然石材打造的

格林芬镇顶层公寓

格林芬镇顶层公寓位于与依 Lachine 运河平行而建的一片新的住宅建筑群内。这栋占地 253 平方米的公寓成为欣赏蒙特利尔自然和城市景观的新视角。

本案的设计理念将侧重点放在环境上，将周边景致和自然光线引入公寓内部。走进公寓后，首先映入眼帘的是一条中央走廊，这条走廊将公寓分割成两个部分。西侧是主卧和带有浴室的儿童房，东侧是办公区、娱乐室和可以用作儿童游戏室的客房。生活区位于公寓南侧，这是一片宽敞的区域，业主可以在此欣赏日出和日落美景，邀家人共享这一美好时刻。

全黑色的厨房与白色的橡木地板形成对比，而橡木地板也使裸露的混凝土变得柔和起来。严谨的空间布局和精致的室内设计最终呈现了一个与场地周边美景融为一体的庇护所。

厨房、食品储藏室和酒窖被设计成一个可视化砌块，统一材料以此营造戏剧感。设计团队对公寓布局进行精心规划，最大限度地满足功能需求，厨房周围的库房藏于看起来好似墙板的落地门之后。

充足的自然光线激发了设计团队使用炭黑色和同系配色的灵感。为了保持一种淡雅的感觉，设计师还用了无光表面。

金色的橡木地板是空间内一个重要的有机元素，为空间增添暖意的同时，使醒目的橱柜变得柔和。在街区固有工业建筑细部的影响下，裸露的混凝土天花板和立柱得以保留下来。定制的黄铜悬架与房间的极简主义设计风格形成对比。

项目地点 | 加拿大, 蒙特利尔 **项目面积** | 253 平方米 **完成时间** | 2016 **设计公司** | MXMA 建筑事务所和 Catlin Stothers 设计公司
摄影 | 德鲁·哈德利 (Drew Hadley)

从客厅、餐厅和厨房可以欣赏到 Lachine 运河的全貌和蒙特利尔的城市景观，业主可以在这片宽敞的区域内与家人共享美好时刻

小房间安装有磨砂玻璃滑动门，可以为使用者提供一处私密空间

主卧和浴室

澈之居

对于生活的过往记忆，有些人们是有特殊情感记忆的。重视"人的感受"，延续曾经的生活经验并为屋主创造新的生活体验，是本案最精彩也是最重要的核心所在。

白色，为本案设计中最重要的设计因子。通过运用建筑的许多不同块状体置入纯粹的白色因子，巧妙地塑造各楼层的机能空间，恰如其分地营造出清澈、舒适而雅致的氛围。鳞片式的造型楼梯及星星般灿烂的垂直吊灯，贯穿且连接各楼层。在空间构建上达到机能区分的同时，跳脱出严谨的几何形体，营造出一份惬意的休闲感觉。

一楼空间由置中的BOX设计概念出发，将整个场域区分为起居室、餐厅（含开放厨房）、次起居室以及阅读室。置中的BOX作为空间的核心，如同壁面的字意，传达了家的核心价值，成为整个空间的焦点。微抬两阶的漂浮式阶梯处理，加深了区域界定的力道，使空间富有层次感。大块的落地窗使空间具有足够的自然通风与光线，并同庭院景致相呼应，使家人不用外出，便能轻易觉察到时间的流逝和季节的变换。

二楼空间以孩童成长所需的场域做为主要连结的环扣。设计在柔和温暖之中，增添了跳跃的色彩和不规则的形状，既创造了温馨的成长环境，也符合儿童活泼好动的天性。

三楼为主卧房楼层，中间主浴所在的位置如同隐性的BOX，将主卧房区分为睡眠区及更衣区。而浴室内部的中岛洗脸台的设计，其实体的BOX规划，使得虚、实的盒体空间概念得以更精准的落实。

负一层为男主人招待好友的接待区，在梯间运用艺术品的陈列，做了一个调性的区分及转变。色彩以灰黑色调为主，质朴的灰与自然光交织，使人放松了身心，大器沉稳之中透露出些许淡淡的禅味。

整体设计质感低调而内敛，空间拥有了岁月静好的力量，使家人们的生活获得了不同的满足。

项目地点 | 中国南京 项目面积 | 740 平方米 完成时间 | 2016 设计公司 | 玮奕国际设计工程有限公司 摄影 | JMS

The Way of Love

Love is patient and kind; love does not
envy or boast; it is not arrogant or rude.
It does not insist on its own way; it is not
irritable or resentful; it does not rejoice
at wrongdoing, but rejoices with the truth.
Love bears all things, believes all things,
hopes all things, endures all things. Love
never ends.

左图：一楼客厅
上图：一楼厨房

楼梯

儿童游戏区

男孩的房间

上图: 主卧
下图和右图: 主卧内的浴室

上图: 地下室餐厅和品酒区
左上图: 地下室餐厅
左下图: 地下室入口

拉瓦勒大街住宅

该项目位于蒙特利尔最具魅力的中心街区(皇家度假区)内。在这个布局紧凑的街区内,找到一块未经利用的场地并在此建造一栋新的住宅似乎是一项不可能完成的任务。因此,设计团队决定将一栋复式公寓改造成家庭住宅,为客户及他的家人提供一个简约的栖居之所。原有建筑是一栋典型的蒙特利尔建筑,建筑内的房间分布在走廊两侧。前立面和后立面上的开窗是这栋建筑仅有的几扇窗户,因而建筑的内部空间十分昏暗、清冷。设计团队提出了几个架构策略,将这栋老式复式公寓改造成一栋明亮、现代的舒适住宅。

阳光透过中央空间射入生活区。空间开口强化了双高布局的视觉效果,开放式楼梯则成为住宅的中枢结构。窗户、采光井和玻璃嵌板增加了空间的透明度,打造了一个通风、宽敞的生活区。天花板仿佛凭空消失了。设计团队移除了隔断,实现了空间的统一,并将光线引入住宅内部。

储藏间构建起空间其他区域的入口,并将住宅的底层空间划分成几个部分。厨房和设有壁炉的客厅位于一片空余的区域内。主卧和其他两个房间分布在楼上中央空间的两侧。光线透过玻璃嵌板进入室内,使空间变得更加宽敞、明亮。

最后,建筑前立面和后立面的翻新设计旨在增加住宅的价值,借助安静、简约的白色室内空间为人们提供高品质的生活环境。

项目地点 | 加拿大,蒙特利尔 **项目面积** | 172 平方米 **完成时间** | 2016 **设计公司** | ADHOC 建筑事务所
摄影 | 珍 − 弗朗索瓦·圣翁奇 (Jean−Fran ois St−Onge)

上图：一楼由包括厨房、客厅和壁炉在内的大型自由空间组成

右上图：开放式楼梯看上去像是住宅的支撑结构

右下图：以白色为主基调的极简主义风格的卧室增加了空间的亮度

Oak 住宅

这栋小型住宅修建在一片静谧的场地之上。设计团队用简约的木质结构凸显住宅周围树木繁茂的环境。从现代的角度来看，木质住宅与这处远离城市喧嚣的场地完美地融为一体。

该项目包括加拿大魁北克的一栋住房的翻修工程。业主希望使他们的住宅能够适合新的生活方式，生活空间也需要进行翻新。为了最大限度地利用自然光线，设计团队对这栋住宅的内部空间进行了重新配置增设了竖向窗口，餐厅则面向室外开放，以使家庭成员能够欣赏到后院的自然美景。通往餐厅的开放式厨房是项目设计的核心，这里对大开口结构进行了充分利用，宽阔的岛台和极简主义风格将使这里变得与众不同。全白色的洗手台和橱柜藏于组合家具之中，与整个空间的色调相协调。照明装置

对客厅来说非常重要，设计团队选用简约的色彩和风格来响应极简主义的概念，而某些细节设计仍能体现奢华的质感。餐桌和洗手台的外观简约、高端，整体设计非常巧妙，不仅可以节省空间，还具有很强的实用性。

简洁的木制楼梯通往上层空间。首先映入眼帘的是全白色储物柜，在圆顶灯的映射下尽显奢华之感。木质地板与整体白色空间相协调，将宽敞的更衣室与淋浴室整合在一起。白色的木质盥洗架也呈现出一种简约的色调。

设计师充分利用住宅后身的空间，在树林中业主打造了一处可以安静思考的空间，用简单的体量构建了风格简约、典雅的寓所。

项目地点 | 加拿大，魁北克　**项目面积** | 500 平方米　**完成时间** | 2017　**设计公司** | Hatem+D 事务所

摄影 | 戴夫·特朗布莱 (Dave Tremblay)，查尔斯·欧哈拉 (Charles O'hara)

上图：在客厅里可欣赏花园的美景

右图：餐厅连接开放式厨房

上图: 浴室
左图: 客厅的楼梯

Roca Llisa 别墅

别墅的主人每年都要到西班牙伊比沙岛度假，因而买下了这栋传统的地中海别墅，并对其进行现代改造。这栋别墅位于 Roca Llisa 专属别墅区郁郁葱葱的山顶之上。项目设计兼顾了家庭度假寓所、冥想空间和娱乐场所的功能。

室内设计和装饰休闲而典雅。别墅的主体风格为现代极简主义风格，装饰配色多用白色，以此突出温馨、素朴之感。设计团队将重点放在木料和石材等天然有机材料的使用上。有质感的材料更是为简约、整洁的室内空间增添了暖意和深度。大扇的滑动玻璃门将别墅周围的自然环境引入室内空间，成为室内空间的一部分。三层楼中的每一个空间都为业主提供了不同的功能，并通过不同的装饰物件展示出属于自己独特且细微的不同。

OKHA 为该项目的主要家具提供商，为委托方提供南非设计并定制加工的组件。ARRCC 事务所使用了一种柔和给人以灵感的配色，不同材料和结构的使用增加了深度的同时，与轻松、递进的奢华之感形成共鸣。

设计师在设计之初，就想要打造一个梦想中的避暑胜地，让业主坐在房间里的时候能感受到奔流的大海那无穷的魅力。别墅建在一个小山坡上，从这里可以眺望远处那令人窒息的蓝色海洋，还可以享受好似与自然景致连成一体的户外无边泳池，这些外部的美景成了整栋别墅的设计灵感。

结合当地传统建筑的室内设计和装饰，设计团队巧妙地使用一些古朴原始的装饰元素，比如棉花、亚麻、未经加工的木头和大理石，再配上清爽的白色墙壁，赋予了室内空间以自然宁静之感。现代风格的家具、工艺摆件和一次性定制创作体现了业主对艺术和设计的欣赏和理解，以及他们对奢华、现代家居环境的渴望之情。他们珍惜一起生活的每一个时刻，而这里也是一个奠定健康、平稳生活方式之基础的寓所。

项目地点 | 西班牙, 伊比沙岛 **项目面积** | 845 平方米 **完成时间** | 2015 **设计公司** | ARRCC 事务所
摄影 | 洛伦佐·韦基亚 (Lorenzo Vecchia)

装饰配色为泳池边上的休息室增添趣味性，大扇的滑动玻璃门将别墅周围的自然环境引入室内空间

厨房设计突出了干净整洁的线条、胡桃木台面为空间增添了一抹暖意

上图：充足的自然光线给主卧套房带来宁静的氛围。床铺设置在木制平台上。
隐藏在墙板内的暗门保证了空间的连续性
左图：洒满阳光的客厅

SOL 住宅

项目场地位于住宅区道路旁边，这里的建筑可以追溯到20世纪30年代，因斯图加特所处的半山腰位置而变得独特。为了满足现代生活需求，这栋住宅更加注重其最后的实际品质及相邻两层立方体住宅的规模，临街立面大部分是封闭的。

外在形式的立体主义也给内在形式带来了影响，这种方式同样适用于客厅、厨房和浴室内的日常用品。住宅内的橱柜和日常生活用品也非常适合摆放在具有空间统一体节奏的立体结构内。

一楼设置了厨房、餐厅和生活区等公用空间。二楼则是为业主的父母准备的，客房也设在这层楼内。设计团队充分利用横向坡度，并为一楼和下方的花园设置了一条通往东南花园的地面通道。花园内设置了很多儿童空间和一个带有休息室的桑拿房。生活区面向南面的树林开放。所有家具和装置均被视为整体建筑不可分割的一部分，因此，在项目初始阶段，建筑师便对这些部件进行了规划。

嵌装单元位于住宅中央，不仅可以作为仓库，还可以遮挡电梯门或花园入口等元素。另外，它们可以成为人与技术之间的界面。这些单元也适用于结构组件和技术装置，但是它们的外观则完全不受其背后的应用定位及相关限制条件的影响。因此，它们可以用作屏障，以免将居住者的生活起居情况暴露在外。

简约风格也餐厅设计的目标。因此，除了由弗纳·潘通(Verner Panton)设计的天花板照明装置之外，与外界的联系及自然场景成为空间的装饰元素。与其他座椅家具一样，Thonet品牌的悬臂椅也成为了常被借用的设计经典。设计力求回归本质和功能，使用了很多耐用的真材实料，住宅功能也彰显了简约美感。

项目地点 | 德国，斯图加特　**项目面积** | 433 平方米　**完成时间** | 2014　**设计公司** | Alexander Brenner 建筑事务所
摄影 | 佐伊·布劳恩 (Zooey Braun)

上图：客厅被设计成一个较为私密的空间，光线透过后面的窗户投射到挂有油画的墙壁上

右图：整栋房屋就是一个度假寓所，在保证私密性的同时还能望见南面郁郁葱葱的森林

上图: 银色的墙面紧邻半开放入口区域左侧的出入口

右图: 奢华舒适的客厅

SU 住宅

这栋住宅位于斯图加特南部的森林边缘，住宅设计臻于细节，其居住者为艺术爱好者及其家人。

一个银色的车库结构将人们从项目场地的入口广场引领至先前的顶层花园，北边是湖水和卵石铺就的"晨光中庭"。进入门厅，是两层高的餐厅，大大的餐桌上方正对着天窗。

可移动式落地玻璃窗呈直角面向阳台打开，夏季时则可使室内空间融入室外空间。厨房内可以摆放餐桌，关闭滑动门，这里就是一个封闭的空间；打开滑动门，这里便成为整体空间的一部分。

生活区内设置了一个大型的壁炉，为业主提供一个更为安全、私密的场所。宽阔的天窗将光线引向装有绘画和雕塑品的墙壁上。一条狭窄的楼梯将南边的办公室和底层的工作室连接起来。两层高的宗教仪式区内摆放了很多艺术品，展现了业主对艺术的热衷之情。工作室旁边便是一间艺术品库房。花园层的主要设施为游泳池和水疗区。

桑拿和蒸汽浴区是一片暖红色和金色色调的内倾区域。拉开室内游泳池的落地玻璃窗，便可看到花园西南侧的景象。

楼上的所有卧室和浴室均围绕走廊而设。设有壁炉的主卧、更衣室和浴室被设计成互联的"私人区域"。人们可以在卧室前方的顶屋顶露台上欣赏到西南侧的壮阔美景。更令人叹为观止的，是上方屋顶阳台上的广阔视野。

项目地点 | 德国，斯图加特 **项目面积** | 330 平方米 **完成时间** | 2012 **设计公司** | Alexander Brenner 建筑事务所
摄影 | 佐伊·布劳恩 (Zooey Braun)

光线透过窗户投射到摆放有油画和雕塑的后墙上，厚实的墙面和边缘突出的壁炉营造出安全、舒心的感觉

厨房温暖而舒适、是住宅的核心所在

上图: 为住宅特别设计的桌子通过旋转内板与长桌相连

右图: 面向露台的玻璃窗为斜向滑动式, 使室内空间很好地过渡到室外空间

卧室的壁炉旁边安装有家庭影院系统，使用时可以从天花板降下，投影仪设置在隔壁更衣室玻璃的后面

泳池前方的玻璃面向花园敞开、泳池的溢流边缘强化了视觉联系

十人公寓

这套位于巴塞罗那埃伊桑普雷街区的公寓可以为十个人提供舒适的住宿环境。除此之外，每次还可为其他十个人提供用餐场地，如果只是吃些快餐或是诙谐畅谈的话，还可以再接纳另外十个人。公寓内宽敞的社交活动区被分成三个相连的生活区，生活区并入大型开放式厨房，为人们带来高品质的共享体验。与此同时，公寓内更为私密的区域内设有三间配有步入式衣柜和浴室的卧室，人们可以通过门廊进入这里。门廊是位于家庭公寓中央的一片绿洲，使某些对立面变得和谐：高雅而实用、平淡无奇和个性鲜明、室内与室外、金属光泽和清新植物。这一切都在公寓内部设计方案的范畴之内，目的是为昏暗的地方增加采光，使先前那些杂乱的地方变得有条理，最重要的是，要营造一种舒适的氛围。

舒适性、简洁性是这套多户公寓设计的关键所在。前者与后者的区别在于公寓的实际承载量上——宽敞的更衣室两侧是用层合板打造的橱柜，同时在视觉上建立起公寓内宽敞浴室之间的联系，浴室为陶瓷铺装，并安装了瓷制卫生洁具。梳洗完毕后人们便可上床睡觉，但是在人们读完书的最后几页之前，可以将头倚靠在布艺床头板上。床头板镶以背光边框镜面，有效地模糊了房间的边界。与此同时，同宿者可坐在床尾处的沙发上。看着嵌入橡木壁橱内的电视。

设计团队对家具结构进行扩展，以此适应形式更为多样的娱乐和社交活动，将长椅、板凳、垫脚软凳、沙发和扶手椅与边桌、书桌和书房相结合；天花板吊灯、照明光带、多张特色装饰桌和为昼夜过渡准备的落地灯等可调节式感应照明系统。均得到了很好的应用。住在这样的房间内，人们可以在简约的环境中感受高品质的生活。

收集和组合，这些似乎是 Egue y Seta 建筑事务所对这一新项目进行设计的关键所在。现代家具的经典与当下最流行的组件交替使用——纹理或皮革垫衬物的中和色调、天然质朴的木制挡板、有机纤维地毯和窗帘与老旧的青铜灯具、厨房的不锈钢器具和墙镜和谐相融。

质朴的暖意和柔软的触感，连同盲窗下方室内花园中的植物，增加了公寓装饰的视觉吸引力，使其经得起不断变化的考验。仿橡木材质的硬质涂层、陶瓷和超细水泥、表面粗糙的象牙色塑性涂料和织物质地的墙纸进一步强化了前面提到的设计效果，同时增加了空间的维护性和多样性。

项目地点 | 西班牙，巴塞罗那 **项目面积** | 172 平方米 **完成时间** | 2016 **设计公司** | Egue y Seta 建筑事务所
摄影 | VICUGO FOTO

上图: 客厅
右图: 用植物进行装饰的厨房

厨房全景图

烹饪区

卧室

浴室

S.V. 住宅

A-cero 建筑事务所展示了其在西班牙南部的一个全新的独立式住宅项目。这家事务所近期的作品多为正交形状，但依然遵循事务所的设计准则。这栋奢华的独立式住宅位于西班牙塞维利亚市郊的一片住宅区内。石灰华大理石和黑色玻璃是这栋住宅的亮点所在。设计团队希望用优质、耐用的材料打造一栋经得起时间打磨的住宅。

住宅的布局始于住宅入口，人们由此直接进入地下室、车库、设施和仓库，这里还设有一部电梯，将三层楼联系起来。底层楼为主楼层，这里为住宅的公共生活区，同在这层楼的侧厅内设有一间拥有两个浴室和两个独立更衣室的大型主卧。其他空间则被客厅、餐厅、放映室、厨房和办公室占用。从入口大厅进入底层空间，人们会为这里的环形双高布局所吸引，而用含金金属和桃花心木设计而成的灯具弱化了这一布局。灯具下方是一张喷漆的黑檀木制圆桌，墙面铺装了白色线纹面板。与二楼相同的是，底层楼也采用了石制立面，并进行了抛光处理。

餐厅内摆放了一张黑色玻璃封边的桌子，并配以由A-cero 建筑事务所设计的 Klee 座椅模型，座椅上铺放有高端装饰面料品牌 Lizzo 的灰色天鹅绒软垫。餐厅最多可以容纳 16 人。空间设计突出了钢制吊灯的存在，这也是 A-cero 建筑事务所为这栋住宅专门打造的灯具。巨大的滑动门可以将餐厅与客厅分隔开来。

布局更为庄重的大厅和宽敞的房间充分利用了住宅的双高优势，直接从露天平台获取自然光线。这里摆放了两张 Minotti 品牌的大型坯布沙发和两张巴塞罗那 Knoll 品牌的焦糖色扶手椅。主墙面是由华金·托雷斯（Joaquin Torres）和拉斐尔·利亚马萨雷斯（Rafael Llamazares）共同完成的，咖啡桌和餐边柜更是衬托了房间的装饰。另外，这层楼还摆放了一些由伦敦古物研究人士收藏的物件。

在同一层楼内有一个相对独立的空间，那里便是主卧。这里可以为家庭成员提供更衣室和独立浴室。地板沿用了主体住宅使用的大理石材料，浴室内的地板为纵向结构，水龙头为 Gessi 品牌和 Porcelanosa 品牌的陶瓷制品。设计团队对这些房间的光线引入问题进行了特别地处理。大卧室内摆放有一张床，外覆牛皮的床头板一直延伸至天花板，两侧的床头柜用茄子灰色的油漆板打造而成，并采用了 Minotti 品牌的金属环形手柄设计。

除了照明灯、台灯以外，还有其他富于 A-cero 建筑事务所特色的灯具设计。卧室内还设置了与书桌同色的梳妆台和床头柜，以及白色的皮革扶手椅。同时由 A-cero 建筑事务所用钢结构设计的玻璃封边圆桌和印度风格的珍珠灰色丝绸地毯也应用在卧室内。

项目地点 ｜西班牙，塞维利亚 **项目面积** ｜300 平方米 **完成时间** ｜2016 **设计公司** ｜A-cero 建筑事务所
摄影 ｜维克托·萨雅拉（Victor Sajara）

餐厅

厨房

休息区紧邻户外泳池

客厅局部

卧室

一楼书房

卧室

浴室

Black Core 住宅

Axelrod 建筑事务所近期对特拉维夫的一个独栋住宅进行了改造，这也体现了业主对宁静、造型优美的现代设计的热爱，以及这家事务所对现代住宅建筑的愿景。

房主希望对这栋 20 世纪 80 年代的房屋进行改造，以此体现他们的室内外生活方式。他们的家庭生活如今围绕着客厅和餐厅外面郁郁葱葱的花园庭院展开。Axelrod 建筑事务所以一部黑色的玻璃电梯为核心，来对住宅进行改造。这部电梯将楼下的生活空间与楼上的卧室联系起来。（这栋住宅秉承了 Axelrod 建筑事务所的现代视觉语言，也受到了特拉维夫众多国际风格和包豪斯风格建筑的影响。）这栋住宅的玻璃外观模糊了室内外空间的界限，强化了栖居于自然中的理念。室内设计和建筑外观多使用黑白两色、光亮或无光等能形成对比的表面。

整体色调为"黑白"两色：墙壁和楼梯形成了黑白对比；厨房用具和家具色彩及设计也非常简单，为人们呈现了一个简约的生活空间。

生活空间安装有面向自然环境开放的滑动玻璃门窗，卧室层采用了开放式阳台和双高天花板。开放的阅读、媒体区藏于楼上，家庭成员不仅互相可以看到彼此，还能享用休闲放松的安静空间。

用混凝土、灰泥筑起的白色入口门面上留有竖向开口和横向细缝，透过它们，人们可以看到些许室内外景象，为特拉维夫安静、高档的街区呈现一个时尚、现代的建筑风貌。

项目地点 I 以色列，特拉维夫　**项目面积** I 510 平方米　**完成时间** I 2016　**设计公司** I Axelrod 建筑事务所
摄影 I 阿米特·杰龙（Amit Geron）

上图: 宽敞的餐厅

右上图: 通往客厅的楼梯

右下图: 阅读区

W.I.N.D. 住宅

这栋住宅的内部结构是通过其外部环境界定的。更为私密的工作区和卧室位于住宅后身,附近的树林更是为这里营造了幽静、舒适的氛围,而开放式生活区则可一览典型的荷兰围垦地景观。住宅的纵向结构遵循了错层式的设计原则。建筑中央的开放式楼梯将前后侧厅联系起来,当人们行走于楼梯上时,迂回之中可以看到周围的广阔景观。

乳白色的家具呈现了一种简单、整洁之感。开放式生活区和厨房位于一楼。前厅可以作为生活空间,后墙则设有库房、开放式壁炉和软垫长凳,而这些设施也与嵌入式家具要素融为一体。生活区的座椅设施包括 MyChair 品牌的座椅和 Flexform 品牌的沙发,另外还有 Leolux 品牌的咖啡桌和 Perletta Carpets 品牌的地毯。

设有开放式厨房的餐厅位于相邻的前厅,两个前厅之间是一处休息区。设计团队沿着装有玻璃的休息区设置了供展示使用的木制墩座墙,将客厅和餐厅联系起来。

住宅空间使用了 B&B Italia 品牌的餐桌和 MDF Italia 品牌的座椅。餐桌上方安装的是 Norman-Copenhagen Bell 品牌的灯具。

楼梯将生活区与住宅后身的空间联系起来,住宅后身设置了带有浴室的主卧和客房。浴室内的墙壁和座椅均采用摩洛哥的水石灰石膏(向石灰石中掺入橄榄油便可制成)进行铺装。开放式浴室位于主卧靠窗的位置。三间浴室的地板和墙壁均铺装了天然的鹅卵石,卫浴设施则使用了 Axor Massaud 品牌的 Grohe 系列产品。

这栋住宅的地板上均匀地覆盖了一层色调柔和的 PU 涂层,以此增强各个区域之间的流动感。卧室的色调略暗一些,以此凸显空间的私密性。声音效果方面,音乐房使用了隔音效果较好的橡木地板。墙面和天花板使用的天然黏土灰泥强化了住宅的自然感及其与周围景观的联系。

项目地点 | 荷兰,北荷兰省 **项目面积** | 406 平方米 **完成时间** | 2014 **设计公司** | UNStudio
摄影 | 因加·波威莱特 (Inga Powilleit),费德·韦尔特 (Fedde de Weert)

上图：餐厅位于厨房和客厅之间，是人们每天聚在一起吃饭、开展与工作有关活动的地方

左图：厨房位于一楼餐厅旁边，可以直接通往别墅前方的露台

上图：主卧内的定制单元可以充当顶板和洗手台
左图：客厅内摆放有定制的固定家具，沿墙面曲线设置

B 别墅

与酷炫、严肃和客观设计的侧写相反，极简主义设计的重要特征是博采众长的典雅、令人沉醉的宁静和独一无二的奢华。在这个特定的居所内，室内建筑设计师埃琳娜·卡若拉运用建筑感受性和室内外空间的流动性对室内空间进行设计，并对极简主义设计方法的优势进行了利用。

设计师利用了粗糙的古式灰色克里特大理石强化空间的连续性。从别墅入口台阶到走廊，经由室内楼梯到下层空间均使用了这种材料。经由线性台阶向室外空间进一步延续到花园，泳池周围也使用了大理石材料，从而建立起室内外空间之间的联系。泳池衬砌的灰、黑色拼花图案，在自然光线或人工照明（取决于一天的时段）的照射下实现了"同系配色"。现代设计理念鼓励人们在空间内进行活动和互动，而不是将空间视为只能用于参观的展示空间。

人们穿行于各个空间，体验极简主义设计方法的优势与精心布置的装饰和细节融为一体，这也是设计师预想的效果。设计师解释道："在进行别墅设计之时，我参考了很多传统形式和元素。在我看来，现代风格与传统风格的共同点远多于它们各自的拥护者的认知这是一个事实。我被各种现代主义理念的汇聚形式所吸引，而它们也借鉴了很多的传统理念。"

这一独特的居所是由两部分组成，别墅周围满是郁郁葱葱的植物。别墅体量庞大，通过立体形式、自然光线和热工照明、透明度与反射光将极简主义设计方法发挥到极致。设计师非常关注夜间照明的设计，夜间照明装置将花园变成"另一个房间"，使其成为室内空间的一部分，从而最大限度地展现别墅的"魔力"。

项目地点 | 希腊，雅典，埃卡利 **项目面积** | 650 平方米 **完成时间** | 2012 **设计公司** | Elena Karoula 设计公司
摄影 | 埃琳娜·卡若拉 (Elena Karoula)

上图：开放式沙龙区，后面是藏书架
右图：从厨房可以看到相邻户外餐厅露台的景象

设有私人阳台的主卧套房

客卫灰色的克利特大理石洗手池

Trident 别墅

现代主义运动时期的美国建筑师巴里·德克斯 (Barry Dierks) 于 1925 年至 1950 年间，在法国的海滨度假胜地建造了多栋别墅。他的建筑作品多半为遗产保护项目，直至今日，仍然是地中海沿岸的一大特色。这位建筑师的其中一个建筑作品的主人是英国的小说家和剧作家威廉·萨默塞特·毛姆 (William Somerset Maugham)。鉴于 1926 年的 Trident 别墅为这批别墅中最早建成的项目。2011 年，这栋别墅售出后，4a 建筑股份有限公司接受新业主的委托，对建筑进行彻底翻修。设计团队将重点放在保护巴里·德克斯的建筑遗产上，同时赋予这栋历史悠久的建筑以现代气息。

别墅白色立体外观的魅力依然不减。4a 建筑股份有限公司在这一独特建筑外观的基础上进行设计。经过改造后的别墅给人一种宽敞、明亮、素雅的感觉。一楼和二楼的内墙大都被移除，因而在不同区域之间形成了流畅过渡的效果。

客厅和餐厅与开放式厨房及书房均位于别墅一楼。二楼设有四间卧室，每间卧室都有自己独立的浴室。透过长长的窗口，人们可以看到大海的壮丽景色。白色的家具、外墙上的白色窗帘、实心橡木地板和玻璃元素为空间增添了明亮、宁静的气氛。家具、从天花板上垂落下来的壁炉和设计团队为书房设计的墙面等个性化元素是别墅的特色所在。镶框的独立式柚木结构也是别墅的一大亮点。为了使人们能够继续欣赏到壮阔美景，设计团队将浴室、更衣室和从外墙上拆下来的垂直管道融入柚木结构。底部边缘的线性照明设施凸显了定制家具的特色，为空间增添了些许韵味。设计团队为别墅安装了滑动玻璃门，以此延续窗口的视野，保持空间流动感。

一楼还设有两间客房。门厅和楼梯间也是建筑翻修工程的一部分。另外，设计团队还对泳池进行了改造，并对周围环境进行了重新设计。

项目地点 | 法国，滨海泰乌尔 **项目面积** | 330 平方米 **完成时间** | 2014 **设计公司** | 4a 建筑股份有限公司
摄影 | 乌维·迪茨 (Uwe Ditz)

客厅、餐厅的后方是厨房，一楼和二楼的内墙很大一部分已被移除，从而实现各个空间的流畅过渡

古典风格的餐厅带有一个精心挑选的壁炉

上图：透过玻璃立面可以欣赏到壮阔的海景

下图：为了能够更好地欣赏壮丽景色，设计师将浴室、更衣室和垂直管道从外墙中分离出来，使其与柚木立方结构融为一体

上图: 宽敞的卧室

下图: 浴室

Waverly 住宅

Waverly 住 宅 位 于 Alexandra-Marconi 区 的 Jean-Talon 街上，是为这片新兴街区的富人打造的一处现代寓所。整体家居装饰呈现为简约风格。照明和家具设计给人以奢华之感。整个空间的简洁线条充分显示了优雅的细节，创造了一个舒适的空间。

项目施工从复式公寓套房开始，原有结构几乎都进行了改造。老建筑的后身也进行了扩建。地下室完工后，住宅面积最终从 139 平方米扩展至 278 平方米。另外，设计师还在住宅西南方向修设了一个大型庭院，供人们沐浴阳光。

进入住宅，便是横跨住宅内部的大厅。前面是一堵安装了多扇落地门的墙。人们可以由此进入左侧用来放置折叠式婴儿车和运动器材的储藏间及右侧的衣帽间。人们可

以由走廊向左右两端走去，进入住宅的其他区域。这种布局形式也是包括楼梯、住宅后方厨房在内的建筑体量的一部分。事实上，直通屋顶的楼梯是住宅空间的一个切口。与楼梯间等宽的大扇天窗将自然光线引入住宅中央。两个大型的立方体影响着空间的结构。MU 建筑事务所希望设计一栋打破原有平衡的迷人建筑。

嵌入两堵平行墙之间的木制台阶看上去好像漂浮于空中。上方光线投射形成的暗影更是凸显了这种效果。透过天窗射入的光线照亮了厨房。同样透明的墙壁给人以错觉：楼梯平台是厨房柜台的延伸。客厅内，钢板覆盖的巨大壁炉将空间划分成两个部分。后墙上的大扇滑动窗面向庭院内的露台开放。自然光洒满了住宅底层的所有房间，强化了空间的戏剧性效果。

项目地点 | 加拿大，蒙特利尔 **项目面积** | 278 平方米 **完成时间** | 2015 **设计公司** | MU 建筑事务所
摄影 | 朱利安·佩隆 – 加涅 (Julien Perron-Gagné)

客厅

厨房

明亮的楼梯和楼梯的夹层视图

主卧

索引

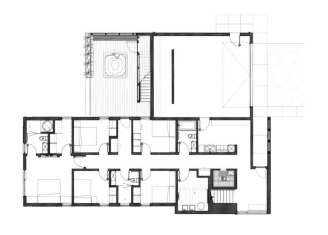
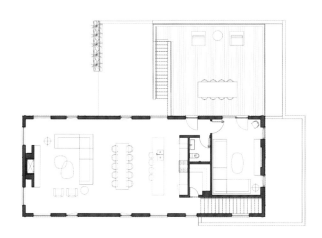

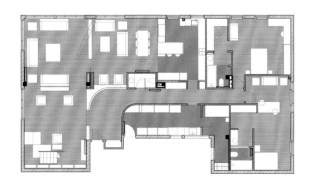
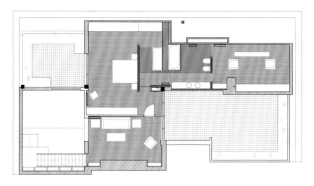

界 P 024

Web: www.lw-id.com
Tel: +886 2 2702 2199
Email: teresa@lw-id.com

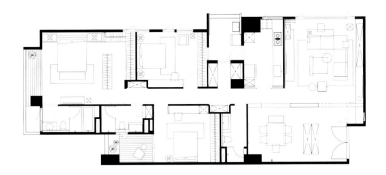

Chameleon 别墅 P 032

Web: www.apm-mallorca.com
Tel: +34 971 69 89 00
Email: info@apm-mallorca.com

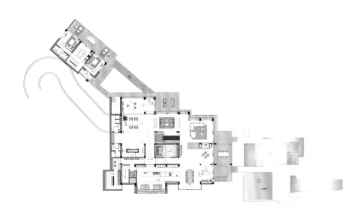

F House P 038

Web: www.onehousesh.com
Tel: +86 (21) 64226977 105
Email: lt@onehousesh.com

Flexhouse 住宅 P 044

Web: www.evolution-design.info
Tel: +41 44 253 9508
Email: pr@evolution-design.info

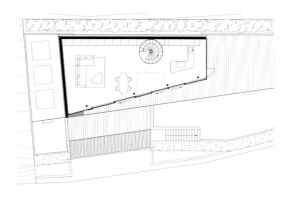

游戏——生活的乐趣，来自于无限的延伸 P 052

Web: www.lw-id.com
Tel: +886 2 2702 2199
Email: teresa@lw-id.com

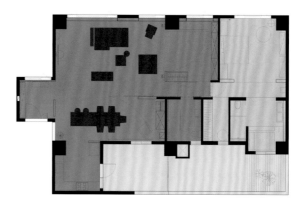

灰盒子 P 058

Web: www.adcasa.hk
Tel: 0754-87122656
Email: ad87122656@163.com

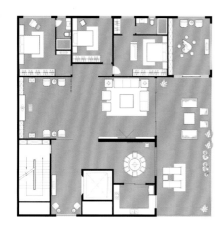

本茨屋 P 066

Web: www.ifgroup.org
Tel: +49 711 993392-337
Email: buehling@ifgroup.org

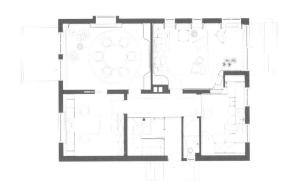

K 住宅 P 070

Web: destilat.at
Tel: +43 1 97 444 20
Email: office@destilat.at

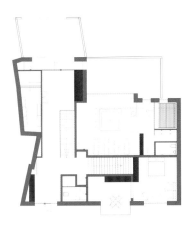
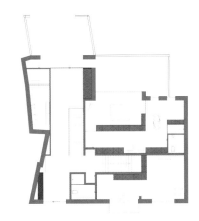

House 19 别墅 P 076

Web: a-cero.com
Tel: +34 917 997 984
Email: a-cero@a-cero.com

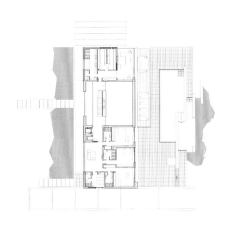
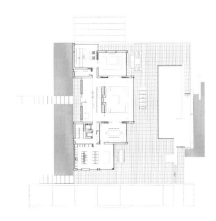

House an der Achalm 住宅 P 084

Web: alexanderbrenner.de
Tel: +49 711 342436 0
Email: architekten@alexanderbrenner.de

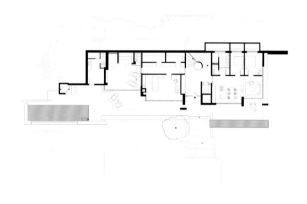
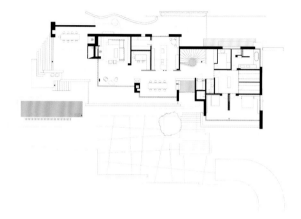

M 住宅 P 092

Web: www.monovolume.cc
Tel: +39 0471 050226
Email: patrik.pedo@monovolume.cc

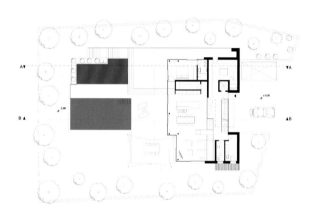

书香与绿意的延伸 P 100

Web: www.herzudesign.com
Tel: + 886 2 27316671
Email: herzudesign@gmail.com

生命的光 P 106

Web: www.herzudesign.com
Tel: + 886 2 27316671
Email: herzudesign@gmail.com

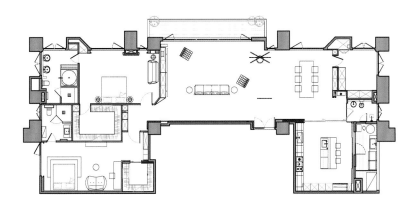

MC3 住宅 P 114

Web: marq.cat
Tel: +34 937 243 618
Email: info@marq.cat

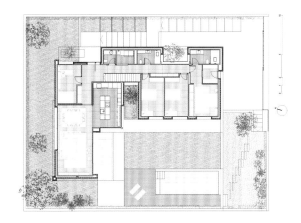

Monolithic 公寓 P 122

Web: www.brainfactory.it
Tel: +39 349 4411737
Email: info@brainfactory.it

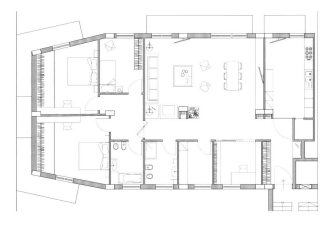

纳乌萨音乐家之家 P 128

Web: www.gem-arch.gr
Tel: (210) 6838118
Email: info@gem-arch.gr

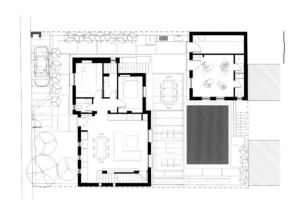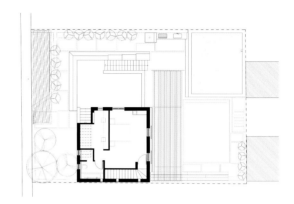

Over White 住宅 P 134

Web: azovskiypahomova-architects.com
Tel: +38(098) 401 27 20
Email: juliapedan@gmail.com

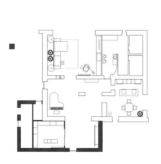

阿姆斯特丹顶层公寓 P 140

Web: www.remymeijers.nl
Tel: +31 (0)30 2763732
Email: info@paulgeerts.nl

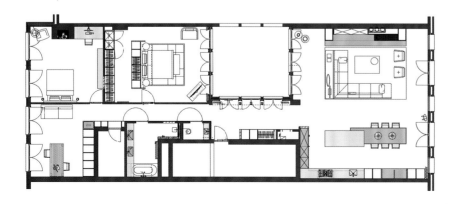

格林芬镇顶层公寓 P 148

Web: www.mxma.ca
Tel: +1 (514) 700-4038
Email: admin@mxma.ca

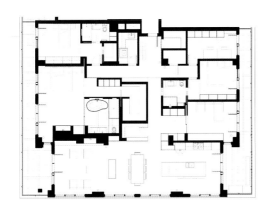

澈之居 P 156

Web: www.lw-id.com
Tel: +886 2 2702 2199
Email: teresa@lw-id.com

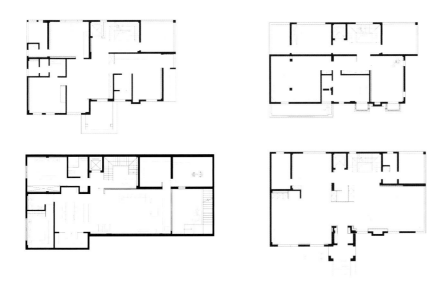

拉瓦勒大街住宅 P 168

Web: adhoc-architectes.com
Tel: +1 514 764 0133
Email: jf.st-onge@adhoc-architectes.com

Oak 住宅 P 172

Web: hatem.ca
Tel: +1 418 524 1554
Email: info@hatem.ca

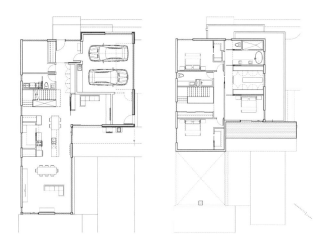

Roca Llisa 别墅 P 178

Web: www.arrcc.com
Tel: 0027 021 468 4400
Email: info@arrcc.com

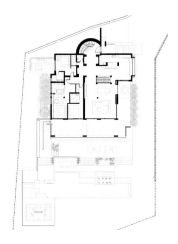

SOL 住宅 P 186

Web: alexanderbrenner.de
Tel: +49 711 342436 0
Email: architekten@alexanderbrenner.de

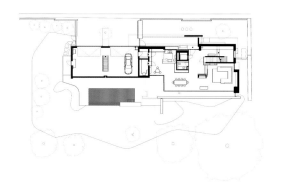

SU 住宅 P 192

Web: alexanderbrenner.de
Tel: +49 711 342436 0
Email: architekten@alexanderbrenner.de

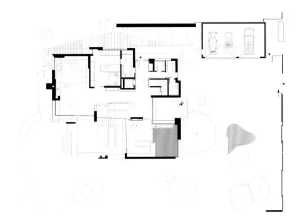

十人公寓 P 200

Web: www.egueyseta.com
Tel: +34 931 791 992
Email: sarah@egueyseta.com

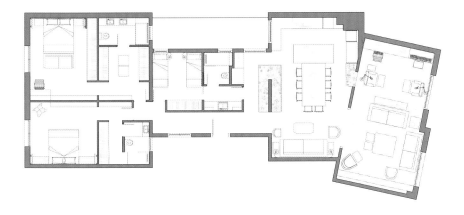

S.V. 住宅 P 208

Web: a-cero.com
Tel: +34 917 997 984
Email: a-cero@a-cero.com

Black Core 住宅 P 220

Web: www.axelrodarchitects.com
Tel: 03 5291982
Email: info@axelrodarchitects.com

W.I.N.D. 住宅 P 224

Web: www.unstudio.com
Tel: +31 (0)20 570 20 40
Email: k.murphy@unstudio.com

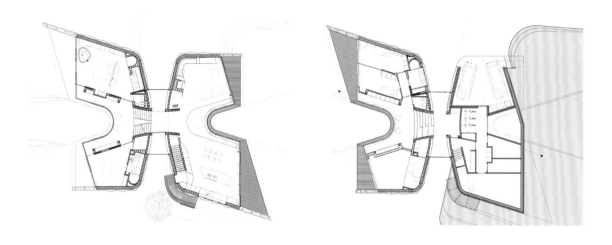

B 别墅 P 232

Web: elenakarouladesign.com
Tel: +30 210 80 15 331
Email: elena@elenakarouladesign.com

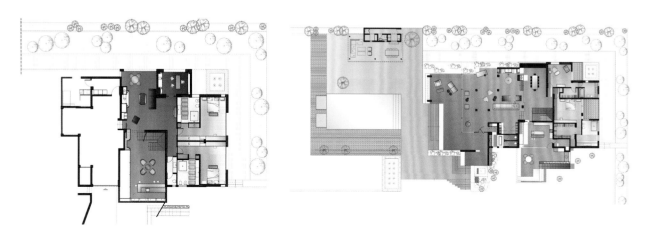

Trident 別墅 P 240

Web: 4a-architekten.de
Tel: +49 711 38 93 00 0 0
Email: kontakt@4a-architekten.de

Waverly 住宅 P 246

Web: architecture-mu.com
Tel: +1 514 907 9092
Email: info@architecture-mu.com

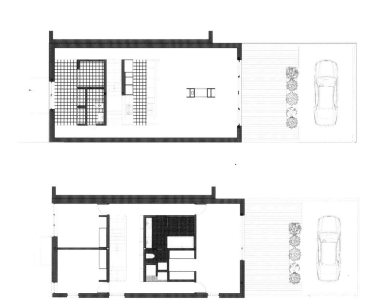

图书在版编目(CIP)数据

简奢之家 /(南非)马克·瑞利(Mark Rielly)编;潘潇潇译.—桂林:广西师范大学出版社,2018.5
ISBN 978 - 7 - 5598 - 0699 - 4

Ⅰ.①简… Ⅱ.①马… ②潘… Ⅲ.①住宅-室内装饰设计
Ⅳ.①TU241

中国版本图书馆 CIP 数据核字((2018))第 041887 号

出 品 人:刘广汉
责任编辑:肖　莉
助理编辑:孟　娇
版式设计:高　帅
广西师范大学出版社出版发行

(广西桂林市五里店路 9 号　　　邮政编码:541004)
(网址:http://www.bbtpress.com)

出版人:张艺兵
全国新华书店经销
销售热线:021 - 65200318　021 - 31260822 - 898
广州市番禺艺彩印刷联合有限公司印刷
(广州市番禺区石基镇小龙村　邮政编码:511450)
开本:650mm×1020mm　　1/8
印张:33　　　　　　　字数:30 千字
2018 年 5 月第 1 版　　2018 年 5 月第 1 次印刷
定价:268.00 元